动物的摄食

撰文/胡妙芬　　审订/杨健仁

U0314066

中国盲文出版社

怎样使用《新视野学习百科》?

1 开始正式进入本书之前，请先戴上神奇的思考帽，从书名想一想，这本书可能会说些什么呢?

2 神奇的思考帽一共有6顶，每次戴上一顶，并根据帽子下的指示来动动脑。

3 接下来，进入目录，浏览一下，看看这本书的结构是什么，可以帮助你建立整体的概念。

4 现在，开始正式进行这本书的探索啰! 本书共14个单元，循序渐进，系统地说明本书主要知识。

5 英语关键词：选取在日常生活中实用的相关英语单词，让你随时可以秀一下，也可以帮助上网找资料。

6 新视野学习单：各式各样的题目设计，帮助加深学习效果。

7 我想知道……：这本书也可以倒过来读呢! 你可以从最后这个单元的各种问题，来学习本书的各种知识，让阅读和学习更有变化!

神奇的思考帽

客观地想一想

用直觉想一想

想一想优点

想一想缺点

想得越有创意越好

综合起来想一想

? 动物的摄食行为包括哪些事情？

? 你觉得哪种捕食方法最厉害？

? 大自然中的"一物克一物"，有什么好处呢？

? 人类哪些行为会影响动物的食物来源？

? 请集合各种动物的构造，创造一种最会捕食的动物。

? 为什么动物会发展出各种不同的摄食行为？

目录

■神奇的思考帽

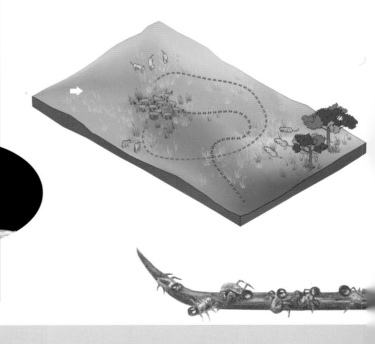

CONTENTS

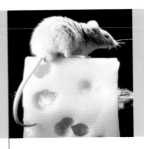

动物的食性

动物的生长和活动都要靠摄食来取得营养，而动物摄取的食物五花八门，传统上可分为"肉食性动物"、"草食性动物"、"杂食性动物"三种。

鲸须是须鲸摄食的重要工具，当须鲸吞入鱼虾及海水后便挤压腹腔和舌头，让海水经鲸须挤出，滤下鱼虾。（图片提供／GFDL）

负子蝽是一种大型水生昆虫，喜欢悬浮在池塘或湖泊，利用前足来捕食水中的昆虫、蝾螈、蝌蚪、小鱼等。（图片提供／达志影像）

肉食性动物

一般肉食性动物以捕捉其他动物为食，小自滤食细小的浮游生物，大至掠食大型的哺乳动物。掠食性的动物为了撕咬肉块，通常有着较尖锐的牙齿、嘴喙或口器，以及用来捕捉猎物的尖爪。此外，如蚊子吸食血液、寄生虫吸取宿主的营养、腐食动物吃尸体等，也都属于肉食性。

草食性动物

草食性动物以植物的根、茎、叶、花、果实、种子或花蜜、树汁为食，在陆地上，它们的数量遥遥领先肉食动物与杂食动物。它们

动物的食性可分为肉食、草食和杂食三类，与牙齿的构造息息相关。（插画／余明宗）

老虎属于肉食性，用来攻击猎物的犬齿又大又长。

熊属于杂食性，除了吃肉，也吃树叶和水果，可以利用臼齿来磨碎食物。

马属于草食性，大门牙和臼齿可用来切断和磨碎草料。

的性情通常较温和，有些长有犄角或巨型的牙齿，目的多在自我防卫，或是求偶与争夺地盘。

　　由于植物含有大量的纤维素，需要较长的消化时间，因此草食动物的肠道约是身长的20倍，而肉食动物只有3倍！有些草食动物的消化道中还有共生性的微生物，可帮助分解纤维素。

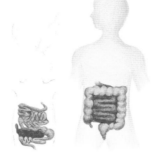

比较兔子和人的肠道。由于兔子是草食性，因此肠道比杂食性的人类长。（插画/张文采）

 ## 杂食性动物

　　许多杂食性动物是自然界中的机会主义者，包括人类在内。它们食性广泛，对于食物和环境的适应力很强，因此有较大的分布范围。许多与人类共居的动物，例如鸡、鸭、猪、麻雀、蟑螂、老鼠等，都属于杂食动物，原因可能是它们比较不挑食，容易适应非自然环境，也较容易被人类饲养。另外，如蚯蚓以腐殖土为食，粪金龟吃动物粪便等，也都属于杂食性。

水獭属于肉食性，可以用牙齿咬食鱼类、螃蟹及软体动物。

猪是生活中常见的杂食动物，以厨余或饲料为主食。（图片提供/GFDL，摄影/Joan）

下一餐是什么时候开始

　　森蚺吞食1只凯门鳄后，可以半个月不用进食；1匹狼每次的食肉量大约是10千克，但之后可以维持四五天不吃；鳄鱼分食1只60千克左右的羚牛，就能几个月不再吃。

　　相反地，草原中的牛、羊每天常要花上半天的时间啃食嫩草；以叶子为主食的灵长类动物，也会花上许多时间在树枝间寻觅，嚼食很容易获得但营养价值不高的叶片。不同的生物，进食的频率不同，花在用餐上的时间也有长短之别，这和食物的营养价值有关。

森蚺以缠绕的方式将一只鳄鱼勒死，再进行吞食。（图片提供/达志影像）

食物的时间和空间分布

（图片提供/GFDL，摄影/Sandra Fenley）

在地球上，食物的数量会随着时间和空间的变化而改变，动物们也必须调整生理状态或摄食行为来配合。例如黑顶山雀在冬天的食量是夏天的20多倍，以维持体温来抵御寒冷。

黑顶山雀在冬季时，每天要大量摄食，以维持体温度过寒夜。（图片提供/GFDL）

草食动物逐水草而居，每当季节或环境转变，它们必须找到更适合的生存空间。图为黑尾牛羚与查普曼斑马迁徙。（图片提供/达志影像）

时间的变化——四季与昼夜

日照和气温都会随着季节变化，使得不同季节的食物来源差异很大。夏季白天最长、气温也最高，是动物生长与觅食的高峰；冬季白天短、气温又低，食物稀少，觅食不易，许多动物面临生死存亡的考验，例如台湾的绣眼画眉有将近一半的成鸟，会在湿冷的冬天死亡。

除了四季之外，地球还有日与夜的自然轮替。人类、蝶类和大部分的鸟类是在白天出外觅食的"日行性动物"；相反地，到了夜晚来临才活跃的则为"夜行性动物"，如猫头鹰、猫科动物

动物的迁徙

许多动物具有长途迁徙的行为，以适应季节性的食物短缺。它们在冬季来临之前，移往温度较高、食物较丰沛的地区过冬。

北极燕鸥因为都在两极的极昼中度过，被称为享受日光最多的动物，但每次横越南北极的飞行必须花上20个星期，每天平均飞行240千米。（图片提供/维基百科）

北极燕鸥是地球上迁徙路径最远的生物。它们每年在两极之间往返一次，来回飞行距离大约3.5万千米，显现惊人的飞行能力。北极燕鸥在北极的夏季中繁殖，夏末动身飞往南极过冬，隔年的2月再启程北飞，它们所经过的地方，都正处于日照最长的季节。

或大部分的蛾类等等。由于生物能够利用的空间和资源有限，因此动物觅食的时间互相错开，才能达成巧妙的平衡。

海豹生活在南北两极，常在冰层下找寻食物。图中的洞是海豹换气的地方，有时北极熊会守在洞口并借机捕食。（图片提供/达志影像）

空间的变化——跟着日光走

日光是地球上生命能量的总源头，除了干旱的沙漠之外，日光充沛的地区，往往具有较丰富的食物，不过，竞争食物的对手或掠食性的天敌也较多。

赤道由于日光直射、终年高温，

抹香鲸能下潜至一二千米的深海中，觅食大王鱿。（图片提供/达志影像）

因此生物种类繁多，是地球上生产力最旺盛的区域。南极和北极地区则气候酷寒，即使夏天平均温度也常低于10℃，生物量稀少，食物大多来自海洋，因为未结冻的海水温度略低于0℃，比陆地上温暖许多。

另外，广大的深海地区有如海洋的沙漠，因为深度超过200米的区域，光线便几乎无法到达，食物量极少，许多深海鱼类都以捡拾上层海域掉落的食物碎屑为食。

深海中食物不足并缺少光源，所以鮟鱇鱼利用头顶的发光器来引诱猎物。（图片提供/维基百科）

以视觉觅食

（猫眼，图片提供/维基百科）

许多动物为了觅食，演化出超强的视觉能力。例如猛禽可以在大约6.4千米高的空中，发现地面的珠鸡；而人类的肉眼顶多只能在1.5千米距离外，看到类似大小的鸟类。

草食动物的眼睛多在脸的两侧，可见的视野广但模糊，容易察觉周遭变化；肉食动物双眼集中，较能将视线专注在单一对象。（插画/余明宗）

视线所及区域

双眼对焦区域

白日和夜晚的视力

许多日行性猛禽如熊鹰、大冠鹫，都有非常敏锐的视觉，比人类的视力约好上8—10倍。它们在高空中盘旋，侦测地面上的小型鸟类、鼠类或是小蛇的动静，然后高速俯冲而下攫取猎物。不过，到了光线微弱的夜晚，日行性猛禽的锐利眼睛便派不上用场，需要的则是夜视能力。猫头鹰、狐猴、猫科动物或夜行性的鱼类，大多有大型的眼睛，瞳孔较大、视网膜上的感光细胞也比较密集，能在昏暗的光线中感应到较多的光。

彩色和紫外光世界

许多动物对于快速移动的物体十分敏感，但当猎物就在眼前静止不动时，却反倒视而不见，例如螳螂、蛙类，因此它们只会进食活体，而不吃已死的猎物。

许多灵长类为了在森林中觅食，发展出特殊的

鹰、隼等猛禽先在空中盘旋找寻猎物，等到锁定目标后急速俯冲，用爪子扑抓猎物。图为游隼抓到山鹬鸪。（图片提供/达志影像）

左图：变色龙的眼睛可分别看不同地方，这有助于它寻找猎物或防御敌人。（图片提供/GFDL，摄影/Yosemite）

右图：指猴是原始的灵长类，主要以昆虫和果实为食，多在夜间活动，目前已被列为保护类动物。（图片提供/达志影像）

辨色能力小实验

眼睛接收到的光线不同，就会看到不同色泽的影像。利用彩色的玻璃纸，可轻易地改变你视野中的颜色。

这是利用红光只能通过红色玻璃纸、绿光只能通过绿色玻璃纸的原理，依此类推。所以请准备红、蓝、黄的玻璃纸，以及白纸、扑克牌红心A、黄色的香蕉、绿色叶片各一个。试试看，透过各种颜色的玻璃纸，观察以上物品的颜色有什么变化？

也大不相同，它们所接收的是紫外线的波段，而不是我们眼中所看到的可见光。比方说，我们看到的纯白花朵，在它们眼中却可能会反射不同的紫外线波段，而呈现出特殊的花纹。

左图：苍蝇的复眼虽然无法调整焦距，但能轻易察觉轻微的移动与判断距离。（图片提供/GFDL）

右图：螳螂捕蝉。螳螂的视力敏锐，可以察觉猎物细微的移动。（图片提供/维基百科）

彩色视觉，因而能区别成熟和未成熟的果实；原始的人类也是如此。大部分的动物不具有彩色视觉，如牛、羊、马等等，人类眼中的缤纷色彩，在它们看来则是黑白的世界。

昆虫的视觉和人类

左边是人眼中的花，右边则是昆虫眼中的花，呈现出紫色光。（制图/陈淑敏）

环尾狐猴是唯一日间活动的狐猴，以花、果实、树叶为主食。（图片提供/GFDL，摄影/sannse）

以嗅觉、听觉觅食

（蝗虫，图片提供/GFDL）

动物靠敏锐的感官侦测细微的气味或震动，以提高追踪猎物的效率。例如狗有2亿多个嗅觉细胞，能够分辨约200万种不同的气味，嗅觉能力是人类的100万倍以上；蝙蝠可以接收3,000—120,000赫兹的声音，听到人类所听不到的超声波。

蜜蜂靠着良好的嗅觉寻找花粉和花蜜。（图片提供/GFDL）

啄木鸟靠听觉来探测树中的昆虫，再以坚硬的鸟喙钻开树干。图为黑冠啄木鸟。（图片提供/GFDL）

捕捉化学信号

空气或水中的化学分子与嗅觉器官的接受器结合，便能引起嗅觉。鱼类、两栖类、爬虫类、鸟类和哺乳类大都以鼻子来嗅闻，昆虫的嗅觉器官则是触角。

嗅觉除了让动物追踪猎物留下的气味，还能帮助辨别食物的种类以及能不能吃，因为有毒或致病的食物通常会发出难闻的气味。此外，蚂蚁等社会性昆虫群体出外觅食时，也会留下化学信号，同伴以触角嗅闻后，便能了解有关食物的信息。

狗的嗅觉十分灵敏，所以许多机场会借助狗的嗅觉，检查旅客行李中有没有毒品等违禁品。（图片提供/欧新社）

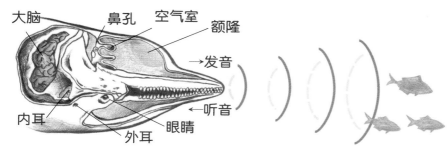

即使在昏暗不明的海中，海豚也能利用声波来侦测鱼群与分辨不同物体。（插画/王亦欣）

鲨鱼的嗅觉相当灵敏，尤其对血液的气味更是敏感。图为白鳍鲨。（图片提供/维基百科，摄影/Jan Derk）

用声音"看"的回音定位

在黑暗的环境中，视觉无法派上用场，许多夜行性动物如猫科动物，便具有敏锐的听觉；蝙蝠和海豚甚至演化出敏锐的"回音定位"能力，接收被反射的音波，来锁定猎物的位置。蝙蝠能在黑暗中，定位出距离5米内的昆虫。海豚在光线昏暗的海水中，以振动喷气孔下方的"喉唇"来发声，声音经过额隆的脂肪团发射出去，其反射波再由下巴骨骼传回耳朵。

蝙蝠是唯一会飞的哺乳类动物，在黑暗中以回音来判断猎物的位置和距离，这便是"回音定位"。（图片提供/达志影像）

吃东西只要用嘴巴吗

嗅觉在人类的摄食行为中，也扮演着重要的角色；对人类来说，可以吃的食物闻起来有吸引人的香味，腐坏酸败会致病的食物则有恶心的臭味。当我们品尝食物时，除了味觉之外，嗅觉也影响着我们对食物的辨识与喜好。

材料：洋葱、哈密瓜、苹果、香蕉、水梨或其他具香味的水果。

方法：蒙上眼睛，再以手或夹子掐住鼻子；请旁人将事先切好的材料送入口中，试试看是否能正确分辨食物的种类。

想一想：感冒鼻塞时，为什么常常会食而无味呢？

住在沙漠中的大耳狐，有着一对大耳朵，听觉敏锐，可以分辨方向和感觉周遭异动，还可帮助散热。（图片提供/维基百科，摄影/Ralf Schmode）

主动的捕食技巧

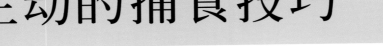

（旗鱼，图片提供/维基百科）

有些动物必须主动出击，搜寻、捕捉猎物。它们有的单枪匹马，有的集体行动；有的四处寻找，有的将猎物吓出来，各有不同的捕食技巧。

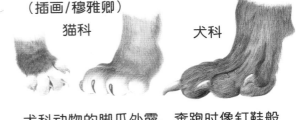

（插画/穆雅卿）

猫科　　　　　犬科

犬科动物的脚爪外露，奔跑时像钉鞋般增加抓地力；猫科动物爪子可缩在爪鞘里，捕猎时才伸出。

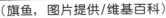 速度是重要的武器

在陆海空，动物短距离移动速度的冠军，都由凶猛的掠食动物囊括，因为要顺利逮获猎物，除了尖牙利爪之外，瞬间爆发的快速追赶能力也很重要。旗鱼是游速最快的鱼类，瞬间速度可以高达时速109千米，它们会快速冲撞鱼群，捕食猎物。陆地上的奔跑冠军是时速104千米的猎豹，它们先悄悄潜进到

猎豹的脊椎骨十分柔软，可以让身体尽量弯曲后冲刺向前。当猎豹锁定目标后，可以在2秒钟内瞬间加速到时速70千米，迅速扑向猎物。图为猎豹奔跑及捕食的分解动作。（插画/余首慧）

猎物附近，再趁其不备冲上前去追赶。不过猎豹爆发力强但耐力不足，如果在二三分钟内捉不到猎物就必须放弃，否则身体会过热。空中飞行速度最快的则是掠食性的游隼，它们在高空中以锐利的视线搜寻，一旦发现地面的猎物，就将翅膀收起，高速俯冲捕捉猎物，若以45度角俯冲，时速可高达350千米！

游隼凭借速度及锐利的视觉，是空中相当厉害的猎食高手。（图片提供/维基百科）

黑猩猩是少数会利用工具摄食的动物，它们除了用树枝掏蚁穴外，还会用石头砸开坚果。（图片提供/达志影像）

让猎物现身

快速追赶必须配合强壮的体形与肌力，而且会消耗大量的能量；许多动物会采取比较节省体力的捕食策略，以优异的技巧取胜。当猎物藏在隐秘处时，除了等待，还可以让它们现身。有些是去扰动猎物的栖息处，让它们受到惊吓而出现，例如鸟类在树上跳跃，惊动小昆虫。有些则使用工具直捣猎物的巢穴，例如黑猩猩用草秆捅进白蚁穴内，等

白颊山雀喜欢生活在阔叶林中，平常以昆虫为食，冬天则会食用松果。（图片提供/维基百科）

白蚁爬满后再抽出来吃掉；白颊山雀和加拉巴哥䴕杉树雀会将针叶插入树洞，引出洞里的昆虫。

动物也会"明抢暗偷"

"明着抢，暗里偷"可不是坏人的专利，有些动物专以这门技术糊口。军舰鸟是动物"强盗"的代表，又称"强盗鸟"。它们虽是海鸟，但尾脂腺并不发达，只要一入水，羽毛就会湿透，无法入海捕食；因此，它们常凭着高超的飞行技巧和尖锐的嘴喙，攻击刚刚捕获猎物的海鸟，逼迫它们把口中的美食吐掉，再从空中拦截掉落的食物。

居住在南极的"贼鸥"，顾名思义，就是"偷猎"的高手，专偷企鹅的蛋或宝宝。贼鸥会二三只联合夹攻，原本全心呵护宝宝的企鹅对来犯的贼鸥进行反击时，其中一只贼鸥就会趁它不注意，偷偷叼走企鹅蛋或小企鹅。

贼鸥会在企鹅繁殖时偷吃企鹅蛋或小企鹅，此外，它们也吃动物的尸体。（图片提供/达志影像）

被动的捕食技巧

（萤火虫，图片提供/维基百科）

"守株待兔"是许多动物采用的捕食技巧，它们有的将自己隐藏起来，有的设计各种陷阱或诱饵，等待猎物自己上门，以节省搜寻和追赶猎物的精力。

高明的伪装术

"伪装"或"拟态"不只用在动物的自我保护，还可以帮助避开猎物的注意，增加成功捕食的机会。部分动物的体色或外形和栖息环境很相似，例如兰花螳螂、叶螳螂等伪装成花朵、叶片；北极熊会安静地趴在

虹鱼是底栖性鱼类，身体可埋在海底沙中潜伏，再伺机吞食其他的鱼。

花螳螂利用拟态的方式，将自己隐身在花草之间，趁机猎捕蝴蝶等昆虫。（图片提供/达志影像）

冰层的洞口，从冰层下面往上看就像一堆雪；而比目鱼、章鱼等还会随着环境变换颜色，以利埋伏攻击。有些动物则会做出模拟环境的动作，例如猫头鹰会竖起角羽，伪装成折断的树枝。

致命的陷阱

设计陷阱也是以静制动的好方法。蚁狮是蛟蛉的幼虫，会在裸露松软的沙土中，挖掘直径1—3厘米的漏斗状沙坑，并在底部等待掉落的蚂蚁或其他小型昆虫；它们还会用口器掷出沙子，击落企图逃出陷阱的猎物。蜘蛛尾部的纺织突能够结网，黏食无意中落网的昆虫；蜘蛛丝可以拉长50%而不断裂，强

蜘蛛网是蜘蛛用来捕食的工具，大致可分为圆形、三角形、漏斗形、皿形、不规则等几种。（图片提供/GFDL，摄影/Wojsyl）

度比同等粗细的钢丝还大，即使猎物挣扎也不会被扯断。

甜蜜的诱饵

有些动物更是积极地设计诱饵，让猎物上钩。鳄龟的背甲有脊状突起，外形像水中的石块，但舌头却活像一条粉红色的蠕虫，可以引诱觅食的鱼儿上钩。苍鹭把小羽毛丢到水面，鱼群误以为是水生昆虫，浮到水面捕食，反而成为苍鹭的猎物。穴鸮将四处捡来的动物粪便堆放在洞口，引诱甲虫上门。有些公萤火虫甚至会模仿母萤火虫的发光模式，吸引前来求偶的公虫，再加以捕食。

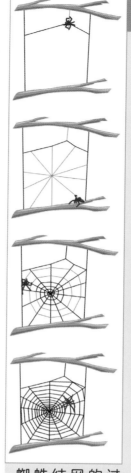

蜘蛛结网的过程：先做好四周框架，再在中间织成"米"字型，然后以逆时针方向开始结网。（插画/王亦欣）

蜘蛛网巧艺FAQ

轻轻摇动蜘蛛网，你可以观察到原本安静守候的蜘蛛，误以为猎物落网，瞬时活跃了起来。蜘蛛网是很容易观察到的动物陷阱，以下是经常被提出的疑问。

蜘蛛为什么不会被自己的网黏住呢？

A：并不是蜘蛛网上的每一根丝都有黏性，而且即使是有黏性的丝，也并非从头到尾都是黏的。蜘蛛会避开那些有黏性的地方。

蜘蛛如何进食？

A：蜘蛛利用口器进食，有些蜘蛛还会先将消化液注入猎物，等猎物被分解之后再进食。

蜘蛛丝如何储存在体内？

A：蜘蛛丝其实是液状蛋白质，排出体外遇到空气才凝结成丝。

蜘蛛怎么知道有昆虫掉到蜘蛛网上？

A：蜘蛛视力不好，主要靠昆虫挣扎时产生的震动来侦测猎物的大小与方向。有时猎物停止挣扎，蜘蛛也会暂停捕食动作。

苍鹭喜欢伫立在浅滩上觅食，主要以鱼类、蛙类、昆虫为生。（图片提供/GFDL，摄影/Marek Szczepanek）

鳄龟以拟态岩石和粉红色舌头来诱食鱼类。图为平板鳄龟。（图片提供/GFDL）

牙齿、口器与嘴喙

（图片提供/维基百科）

人类的恒齿得用上一辈子，鳄鱼却不断地换牙，一生会换二三千颗牙齿！不同的动物因食性不同，包括牙齿、口器、嘴喙等进食器官也相差甚远！

爱吃树叶的梅花鹿，牙齿可切断和磨碎植物。（图片提供/GFDL，摄影/Rau1654）

牙齿功能大不同

为了撕裂猎物，凶猛的肉食性动物往往有尖锐的牙齿，鳄鱼的牙齿甚至能直接咬穿牛的头骨。不过，部分肉食动物是直接吞食猎物，例如海豚，它们的牙齿只是用来攫住猎物、防止逃脱。草食性哺乳动物的牙齿，为了切断、研磨植物中的纤维质，门牙和臼齿特别发达，尖锐的犬齿则退化。杂

尼罗河鳄是一种大型鳄，身长5米，它用长颚和尾巴来攻击猎物。图为尼罗河鳄用尖锐的牙齿咬住黑尾牛羚。（图片提供/达志影像）

海獭的摄食工具

海獭的牙齿宽大短钝，适合咬碎硬壳，但是遇上贝类，它的牙齿也不够"力"。这时候，它会仰卧在海面上，在胸腹间放块扁平石头，把贝类放在上面，然后前掌拿另一块石头把贝壳敲碎，取食里面的肉。除了贝类，海胆、蟹类等都是海獭的美食。

海獭是食量大的哺乳类，除了可用牙齿咬碎蟹类硬壳，也会利用石头等工具来帮助取食。（图片提供/达志影像）

食动物为了适应广泛的食性，牙齿兼具撕咬、切割及研磨的功能。

动物的自然寿命常和牙齿的损耗有关。野生的无尾熊随着年龄的成长，牙齿日渐磨损，就会因营养不良而衰老死亡。

食果鸟类
（五色鸟）

食种鸟类
（金刚鹦鹉）

食虫鸟类
（黑冠啄木鸟）

食肉鸟类
（秃鹰）

食鱼鸟类
（鹈鹕）

不同鸟喙各有所长

　　鸟类没有牙齿，为了处理不同的食物，演化出各式各样的鸟喙。食种子的鸟喙通常短而粗壮，可以咬破外壳；吃果实的鸟喙就较长而不坚实，因为果实比种子柔软多了。以昆虫为食的鸟类，鸟喙又分很多种，有的细长，有的细小，如果要捕食空中昆虫就要靠阔嘴来拦截；食肉和食鱼的鸟喙，有些则呈钩状。

鸟类根据摄食行为的不同，演化出不同的鸟喙。（插画/穆雅卿）

昆虫的口

　　昆虫是地球上最多才多艺的族群，它们的口器基本都由上唇、大颚、小颚及下唇所构成，但外形大不相同，进食方法也有所差异，大致可分成下列6种。

口器形式	进食方式	代表种类	图片	口器形式	进食方式	代表种类	图片
刺吸式	上唇特化成针状，可刺穿动植物组织，吸食血液或是组织液。	蝉、蚊、跳蚤		舐吸式	能吸取液体；先把消化液吐出，等食物被消化后再以口器吸食。	蝇类	
咀嚼式	常常有坚硬的大颚，咬碎固体食物，例如叶片或其他昆虫等。	蝗虫、瓢虫		嚼吸式	可以咀嚼，也可以吸食的口器。大颚与上唇结合成可咀嚼的部分，小颚、下唇则形成吸收式。	蜜蜂	
虹吸式	由小颚组合成管状构造，平时可卷曲，取食花蜜时再伸直。	蝴蝶、蛾类		锉吸式	口器无法直接刺入，只能将表皮刺碎，再吸食汁液。	蓟马	

（插画/张文采）

舌头

（猫的舌头，摄影/巫红霏）

人类的舌头是一片短而肥厚的肌肉，蜂鸟的舌头则像中空的吸管，变色龙的舌头可以长达体长的一倍半！有些舌头能帮助咀嚼与消化，有些则是捕食的利器。

搅拌食物与帮助吞咽

有些动物会在口中咀嚼食物，将食物研磨成小块再吞入，以利消化；舌头则会巧妙地搅拌食物，让食物和唾液中的化学物质均匀混合，例如牛、羊等反刍动物的唾液带有碱性物质，能中和瘤胃的酸性。

大部分的肉食动物不经过咀嚼，而是直接把食物吞下。猫和企鹅的舌头上长着倒钩，可以帮助吞咽食物，猫还将舌头作为理毛的工具。

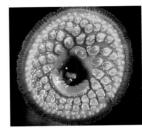

右图是八目鳗的嘴巴，里面有多达125颗的角质齿。像是一个强力吸盘。下图则是八目鳗正在吸食其他鱼的血液。（图片提供/维基百科）

好用的取食工具

舌头也可以作为动物取食的辅助工具，例如蜂鸟或其他以花蜜或花粉为食的鸟类，常有中空或尖端如毛刷般的长舌头，以便伸入花朵

蜂鸟是最小的鸟类，翅膀以每秒50—75下拍动，而像吸管般的舌头比鸟喙长4—5倍，方便吸食。图为铜色蜂鸟正在吸食艳红西番莲的花蜜。（图片提供/达志影像）

变色龙神射手

变色龙以长舌捕食，是动物界有名的神射手！让我们借磁铁吸引回形针的原理，来制作一个变色龙玩具，体验神射手的快感！准备的材料：卷曲的塑料片（充当变色龙的长舌）、小磁铁、回纹针、画上昆虫的小纸片（约1.5平方厘米）。

1. 用塑料片卷出吹管部分，将小磁铁黏在吹管的最尖端（磁铁不要太大，以免过重）。

2. 把回形针贴在昆虫纸片背面，充当猎物。

3. 瞄准猎物，计算距离，吹出纸管，将猎物卷回。

（制作/杨雅婷）

青蛙舌头的前端固定，但后端可自由翻转，当昆虫靠近时便能迅速翻出，并用舌头上的黏液黏住猎物。图为牛蛙的舌头。（图片提供/达志影像）

食蚁兽利用舌头上的黏液来吸附蚂蚁，1天大约可以吃掉3.5万只蚂蚁。（插图/穆雅卿）

长颈鹿的舌头可巧妙穿过多刺的植物，将树叶卷进口中。（图片提供/达志影像）

里采食；长颈鹿、欧卡皮鹿（与长颈鹿同科，但脖子短，腿部花纹类似斑马），则是哺乳类的长舌冠军，长达三四十厘米的舌头，除了方便将树叶卷入口中外，欧卡皮鹿还用舌头来清理耳朵！

另外，啄木鸟舌尖的倒钩能将树洞中的虫钩出来；八目鳗的舌头像一把锐利的锉刀，它先用嘴紧紧吸住鱼的表皮，再以舌头锉开一个伤口，然后吸食血液；食蚁兽又刺又黏的舌头长达60厘米，可以在11分钟内快速伸缩150次探入蚁窝黏食蚂蚁；变色龙以舌头黏食昆虫或小型动物，伸出到吞入只需1/16秒。

看不见的武器

（黑寡妇，图片提供/维基百科，摄影/K. Korlevic）

澳洲内陆太攀蛇咬一口的毒液量，大约可以杀死125个成人；电鳗可以放出800伏特的电压，将猎物电昏，是人类家庭用电（110伏特）的7倍多！这些动物的隐形武器，虽不像尖牙利爪令人生畏，但威力却很惊人。

右图是澳大利亚漏斗形蜘蛛，左图为漏斗状的蜘蛛网，它们会在漏斗口等候猎物上门。（图片提供/GFDL，右图摄影/Pollinator）

用毒高手

毒液是动物世界里常见的武器，有些是用来驱敌，有些则是为了捕捉猎物。蓝环章鱼用嘴咬猎物的时候，同时会放出剧毒的液体；水母触手上的刺细胞会将毒液刺入猎物皮肤；毒

金色箭毒蛙身长约3.5厘米，体形虽小但毒性强大，印第安人常拿箭头在它身上涂抹，制成毒箭。（插画/梁豪中）

蛇的毒腺由唾液腺演化而来，毒液经由管状或沟状的毒牙，注入猎物体内；蜘蛛体型虽小，有些毒牙甚至可以穿透人类的指甲。

有毒的蛇类、水母、蜘蛛或其他有毒动物，在接触猎物的瞬间放出毒液，使猎物快速昏迷或死亡，以减少猎物挣扎逃走，或在打斗间伤害到自己的机会。

远距离杀手

有些人在河流里违法电鱼或炸鱼（在水中制造强烈震波），造成河川鱼类的浩劫；在动物界也有类似的例子。电鳗体内有一些特化的肌肉细胞，可以产生电流，就像串联在一起的电池，可以放出强大的电流电昏猎物，再加以捕食；其他像电鳐、电鲶也有类似的能力。另外，海豚或抹香鲸可以发出高频率的声音，在水中造成强烈的震波，破坏猎物的平衡感，再趁猎物被震昏或游速减慢时，快速追上加以捕食；枪虾的螯肢具有极强壮的肌肉，闭合时会造成强烈的震波，把远处的猎物震昏。

响尾蛇的牙齿可喷出毒液，尾部的响环则能发出声响来示警。（图片提供/达志影像）

澳洲蓝环章鱼会从猎物身上游过，并在周围释放毒液，借此使猎物瘫痪，以利进食。（图片提供/达志影像）

电鳐的一对发电器位于头部两侧，借电力来防御和捕食。古希腊和罗马人用黑电鳐的电击来治疗痛风、头痛。（图片提供/GFDL，摄影/Matthias Kleine）

毒性排行榜

有毒的动物，以剧毒来威吓敌人、捕食猎物，甚至竞争配偶，它们的身材通常不大，却非常令人恐惧；当我们在大自然中活动时，必须特别小心。

水母的触手上有很多刺细胞，受到刺激时便缠住对方，或将毒液注入猎物体内。

动物类别	动物名称	毒性	放毒方式
最毒的水母	钟形水母	人类被攻击后，可能在30秒到4分钟内死亡。1只所含的毒量约可杀死60名成人。	毒性来自触手上的刺丝胞，当触手碰到人类皮肤或鱼鳞表面的化学物质时，会自动射出刺丝胞。
最毒的蛇类	澳洲内陆太攀蛇	咬一口的毒液量大约足以杀死125个成人。	毒性是印度眼镜蛇的20倍。毒液腺是由唾液腺演化而来，毒液经由管状或沟状的毒牙注入猎物或敌人体内。
最毒的章鱼	澳洲蓝环章鱼	人类被咬后会在几分钟内毙命。	尖锐的嘴喙可轻易咬穿潜水衣；遇危险时，身上的深色环就会发出蓝光，向对方提出警告。
最毒的蜘蛛	澳大利亚漏斗形蜘蛛	人类被咬会在2小时内身亡。	毒牙足以穿透人类的指甲；雄蜘蛛的体形比雌蜘蛛小，但毒液的毒性是雌蜘蛛的5倍。喜欢待在马桶座下。
最毒的蛙类	金色箭毒蛙	1只所含的生物碱毒素足以杀死10个成人，或2万只实验用的老鼠。	从皮肤分泌毒性物质，作为防御用途；野外的箭毒蛙会食有毒的昆虫或蕈类累积毒性物质。

储存食物和能量

（双峰骆驼，图片提供/GFDL）

未雨绸缪不是人类的专利，为了应付季节性的食物短缺，许多动物也发展出巧妙的应对措施。例如鼹鼠以蚯蚓为食，在冬季来临前，它会开始储存蚯蚓，先将蚯蚓咬一口麻醉后，便带回巢穴储存起来；一个鼹鼠巢穴可储存1,000条蚯蚓，足以让它度过冬天。

鼹鼠是一种在地底活动的食虫动物，喜欢捕食蚯蚓和昆虫。（图片提供/达志影像）

伯劳鸟会模仿其他鸟叫声，借此吸引并捕食猎物。图为灰伯劳将老鼠挂在植物的钩刺上，暂时存放。（图片提供/GFDL，摄影/Marek Szczepanek）

脂肪是体内的能量银行

当食物充足时，剩余的能量就以脂肪的形式储存在体内；需要的时候，

橡树啄木鸟为了储存食物，一颗橡实挖一个洞，藏得又紧又密。（图片提供/达志影像）

再燃烧脂肪释放出能量供身体使用。动物会为了过冬、产卵、育幼、休眠、长途迁徙或发情期等不同的理由，而预先储存能量。例如，雄性帝企鹅会在繁殖季来临前大量进食，将能量储存在皮下脂肪，以挨过三四个月完全无法进食的育幼时期。

熊、蝙蝠等动物，也会在冬眠前储备脂肪；在冬眠中它们几乎不活动，尽量减少能量消耗，例如蝙蝠的心跳会由原来的每分钟400次减慢到20次，大量节省能量的消耗。

帝企鹅在育幼时期不吃不喝，体重几乎只剩原来的1/3，其中公企鹅每年约禁食115—125天，母企鹅则是64天。

骆驼的驼峰内储存的是脂肪而不是水，当能量消耗时，单峰骆驼的驼峰会缩小，双峰骆驼的驼峰则是倒垂。

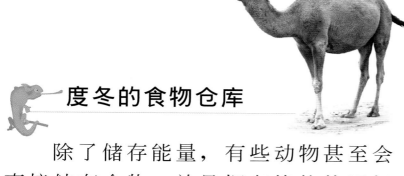

度冬的食物仓库

除了储存能量，有些动物甚至会直接储存食物，并且拥有绝佳的记忆力，能够准确地找出食物。星鸦、黑顶山雀等寒温带的留鸟和松鼠一样，从夏末或秋初开始，将昆虫、橡实或谷粒储藏在树干的裂缝、树洞或地洞中，为食物稀少的冬季预留食物；1只橡树啄木鸟甚至可以在同一棵树中储存超过5万颗的橡实。有些掠食性的鸟类，则会把猎物藏在中空的树洞里，或挂在植物的刺钩上。

另外，部分动物可以把食物暂时囤积在身上某些特殊构造中。例如，有些

动物增重，人类减重

人类几乎是唯一会刻意减重的动物。自然界里的动物为了生存，无不尽力储存脂肪；然而，衣食无虞的人类却可能因为脂肪过多，进而影响身体健康。

在人类医学史上最重的人，是身高185厘米、体重635千克的美国人乔·米诺克。他曾在1978年因心脏病和呼吸困难，由12名消防队员用担架合力送医，此后为了身体健康，他开始节食减重，体重一度降到216千克，共减重419千克！

猴类或仓鼠进食时，可以快速地把食物塞进两颊的"颊囊"，等有时间时才推入口中慢慢吃下，这样不但缩短觅食的时间，也增加和同伴竞争食物的效率。

仓鼠的颊囊是一个凹陷状的袋子。图为枫叶鼠正在吃水果。（图片提供/维基百科，摄影/Dirk Goldhahn）

合作觅食

（白手长臂猿，摄影/张君豪）

觅食时除了寻找食物来源，有时还要围捕猎物，或是警戒守卫，这些工作若由团体成员分摊，能使取食更有效率或更安全。例如狮子虽是百兽之王，但捕捉猎物时，有时仍需要集体分工合作才能完成。

当猎豹进入一群黑臀羚中时，全部的羚羊都呈现警戒状态，准备跑开。（图片提供/达志影像）

左下图是狮群分工合作的方式，并利用草丛的掩护来围捕猎物。（插画/王亦欣）

攻击组
风向
攻击组
羚羊
伏击组
猎物逃跑的路径

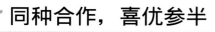

同种合作，喜忧参半

同种的动物合作觅食，好处是可以壮大声势或增加搜寻的效率，但也有同伴们会竞争相同食物的缺点。当优点多于缺点时，动物可能演化出合作觅食的行为。

宽阔草原上，掠食动物可由四面八方袭击，因此草食动物例如斑马、长颈鹿、羚羊大都成群觅食，以轮流警戒；猴群中也常派出年轻的公猴，在高枝上担任守望的任务，好让其他成员安心进食。至于掠食动物，例如狮、鬣狗、狼、虎鲸等，若要围捕大型的猎物，则会集体围捕以增加成功几率。

为了避免群体浪费过度的时间与精力来争抢到手的食物，许多群居的动物如狼、猴子，又建立阶级性的社会制度，地位高的动物拥有先进食的特权。

图中为鸬鹚（嘴长又粗厚，尖端有向下的钩以捕抓滑溜的鱼）和鹈鹕（中间较大者，有送子鸟之称，利用下喙的囊袋来捕鱼），一起将鱼群赶往浅水区。（图片提供/达志影像）

大翅鲸浮上海面觅食，一旁的大白头鸥也趁机捕食鱼虾，这就是异种合作。（图片提供/达志影像）

异种合作，各有所好

不同的动物也会集体觅食，目的是各取所需。鸬鹚和鹈鹕有时会形成一道防线，合作把鱼群赶进浅水的区域，以利觅食。食果性的鸟类也经常搭配食虫性的鸟类，混合成大型的鸟群出外觅食，除了比较安全之外，食果性的鸟会惊动树上小虫，进而提高食虫性鸟类发现昆虫的几率。

大翅鲸的泡泡网

大翅鲸以擅长用歌声沟通信息而闻名。除了求偶之外，它们也以叫声合作觅食。大翅鲸是一种行滤食生活的须鲸，它们吞入大口的海水，再以鲸须过滤小鱼、磷虾或浮游生物为食。群体中的大翅鲸会在水下吐气泡，气泡向上浮升，形成一道道"泡泡网"，把鱼群集中在网内，然后发出觅食信号，一起张开大嘴由下而上进食。这种有效的合作觅食方式，是大翅鲸特有的捕食技巧。另外，受到惊吓的鱼虾在海面跳跃，让空中觅食的海鸟也能轻易地捕获猎物，因此有些海鸟会尾随鲸群或海豚群觅食。

大翅鲸先利用气泡来围住南极磷虾，再大口吞下。（插画/吴昭季）

海豚与渔民也有微妙的合作关系。当海豚觅食时，渔民观察它们的行踪，寻找鱼群的位置；海豚也喜欢与渔船共游，渔船前进扬起的水波，可以让海豚节省游泳的体力。

渔民和海豚算是一种相当特殊的异种合作，双方各取所需。（图片提供/达志影像）

动物宝宝怎么吃

（图片提供/GFDL，摄影/David Monniaux）

鲸奶富含油脂，使得蓝鲸宝宝一天可以增重80千克；无尾熊会吃下母亲排出的软粪，以获取能够分解尤加利叶毒素的微生物；鲑鱼产卵后死亡，尸体可使河床肥沃、水草繁茂，作为小鲑鱼孵化后的食物。天底下的动物父母，以五花八门的方式来为子女准备食物。

喝奶一族

哺乳动物的母亲会分泌乳汁来喂养幼儿，是世界上最安全、最有效率的育儿方式。乳汁中含有丰富的营养与抗体，使得稚嫩的动物宝宝不需离开妈妈冒险去觅食，大大地增加存活的几率。不过，一旦母亲离开或死亡，幼儿就会饿死，因为母乳是幼儿唯一的食物来源。

另外，雌性泌乳时就不会发情交配，

小羊以跪姿才容易喝奶，因而衍生出"羔羊跪乳"的说法，表示小羊都知感恩，人更要孝顺父母。（图片提供/达志影像）

许多哺乳类如狮子、河马等，其雄性会上演"残婴行为"，将哺乳中的幼儿杀死，迫使雌性再度进入发情期。

猎豹妈妈外出狩猎，将猎物带回巢穴给小猎豹食用。图中小猎豹的毛色与成豹不同，可以产生保护色作用。（图片提供/达志影像）

杜鹃鸟会将蛋产在其他鸟巢中，而杜鹃雏鸟还会将其他鸟蛋推落以独享食物。图为林岩鹨（右）正喂食杜鹃雏鸟。（图片提供/达志影像）

妈妈的爱心营养餐

绝大多数的鸟类会勤奋地寻找食物，喂养巢中的幼鸟；企鹅甚至能将食物放在胃中长达3个星期，随时吐出喂食小企鹅。

除了鸟类，大部分的卵生动物都不照顾后代，产卵之后母亲就会离开；但是也并非完全任凭它们自生自灭，有些昆虫会预先为孵化后的宝宝准备食物。例如蝴蝶会将卵产在将来幼虫可以吃食的叶片上；卷叶虫甚至将叶子卷成一个能吃又能遮风避雨的"摇篮"；有些寄生蜂会将卵产在宿主的身上，孵化后的幼虫便以活的宿主为食。

枭眼蝶将卵产在叶子上，让幼虫出生后便有食物。（图片提供/达志影像）

黄蜂将产卵管刺进毛虫体内，完成寄生行为。（图片提供/达志影像）

食物也能影响体型

蚂蚁王国内除了少数的雄蚁之外，全由蚁后的女儿们组成。她们具有完全相同的基因，但却成长为外形极不相同的阶级，包括：工蚁、军蚁以及极少数的年轻蚁后。蚁后只负责不断地产卵，喂养幼儿的责任则由工蚁担任。科学家发现，除了蚁巢的温度之外，工蚁喂给幼蚁不同的食物，也会刺激幼蚁发育成不同的类型。蚁后活着的时候，会分泌出一种吸引工蚁前来舔食的物质，能够抑制工蚁的生育能力；一旦蚁后死亡，工蚁就可能喂养出新的蚁后。

火蚁的巢穴，火蚁后每天可产800—1,000个卵，旁边则是工蚁以及蚁卵。（图片提供/达志影像）

另类的食物

（图片提供/GFDL，摄影/Eric Guinther）

动物的菜单五花八门，有些却让人难以想象。例如无尾熊会吃土以补充矿物质；鳄鱼也会把石头吞入胃里，以帮助消化食物，并增加身体的重量，方便沉入水中埋伏捕猎。

粪金龟通常用后脚推粪球，粪球分食用和育婴（下图）两种。其幼虫呈U字形，背部膨大可储存排泄物。（右：图片提供/GFDL，摄影/SehLax；下：插画/张文采）

粪便腐尸皆黄金

在人类眼中，粪便、尸体、腐败的厨余，都是脏污、无用的垃圾，但对许多生物来说，却是珍贵的食物资源。这些废弃物都是有机物质，仍旧可被消化，产生能量。

粪金龟不但以动物的粪便为食，还将它滚成粪球，在球中产卵，做成育婴房；埋葬虫是"腐食性"的昆虫，它们将小动物的尸体埋入地下，并在死尸上产卵育幼；常常在河水中解便的河马，它们的屁股后更是尾随成群的鱼儿，争食带着青草的新鲜粪便。

石头和土也能吃

以往人们以为动物吃土是不正常的行为，因为土壤既不好吃，也无法提

秃鹰以腐尸为主食，粗厚的鸟喙可以撕开表皮。当秃鹰发现食物时，通常会吸引整群秃鹰前来分食。（图片提供/达志影像）

兔子的大便分为2种，第一次排出的是湿润的盲肠粪，兔子会再吃进肚里，第二次排出的才是真正干燥的粪便。（摄影/巫红霏）

供能量；但是近来动物学家陆续观察到马、大象、鹦鹉、鼠类、眼镜猴、狒狒、黑猩猩，甚至原始部落中的人类，都有吃土的情形。这可能是为了补充矿物质，或者治疗肠胃的不舒服。

鸡没有牙齿，无法咀嚼，因此在啄食地上的谷粒或小虫时，会不时地吞入小碎石，储存在砂囊中，帮助磨碎食物，一旦小石头磨光了，就要随时补充。鳄鱼也吞食石头来帮助消化，因为鳄鱼的牙齿只是用来撕扯猎物，同样没有咀嚼的功能，借着吞入石头，可让食物磨碎，消化得更完全。

海洋垃圾作怪

虽然人类的垃圾场是许多动物的寻宝堆，但是有些垃圾，动物不明就里地吃了之后，却会丧失宝贵的生命。

人类在海洋中倾倒垃圾，便造成许多海洋生物生病或死亡。海豚会把浮在海面的瓶罐、泡沫塑料，误判为可以吃的鱼类；漂在海水中的塑料袋，则像半透明的水母或软体动物。科学家常在海边搁浅死亡的海豚的胃中，发现无法消化的塑料瓶、塑料袋、渔网，甚至尖锐的鱼钩，都是致死的原因。

北极熊的栖地因为人类入侵后留下大量垃圾，也常造成它们误食而生病或死亡。（图片提供/达志影像）

右下图：衣鱼又称为蠹鱼，喜欢吃糖类和淀粉等碳水化合物，所以人类的衣物、书本都是它的最爱。（图片提供/GFDL，摄影/Sebastian Stabinger）

下图：查普曼斑马是草食性动物，不过它们偶尔也会吃土，补充矿物质或帮助消化。（摄影/张君豪）

如何研究动物吃什么

(赏鸟，图片提供/维基百科，摄影/Snowyowls)

研究动物的食性，是了解它们最重要的一环，也能探讨它们和其他生物，以及季节、环境的交互作用。不过，许多动物的摄食行为十分隐秘，因此除了用肉眼或望远镜直接观察之外，必须采用间接的观察方法。

濒临绝种的山地金刚猩猩，平时很难贴身观察，但可以从它的排泄物推测它的食性。（图片提供/达志影像）

粪便当作宝

有不少动物生性害羞、怕人，行踪十分隐秘；有些则居住在深山丛林中，人力难以追踪；而有些夜行性动物在阴暗的夜晚出没，不容易观察。因此，研究人员只好沿着它们出没的路径巡视，捡拾粪便；再将粪便带进实验室，以显微镜分析粪便的成分，包括未消化的草茎、种子、碎骨，或是昆虫的遗骸，借此判断它们平日所吃的食物种类。

捡拾食茧

许多猛禽在连毛带骨吃下猎物后，会将无法消化、也不能由肛门

水族馆是一般民众最方便观察水生动物的地方，从潜水员的喂食也可看到不同鱼种的摄食行为。（图片提供/达志影像）

大哈耳皮埃雕的食茧，里面可发现小鸡的羽毛，以及二趾树懒的皮毛和爪子。（图片提供／达志影像）

排放的残骸吐出来，形成"食茧"。外观椭圆形、拇指大小的食茧，主要是由鸟羽、鱼鳞、兽骨或昆虫的鞘翅所组成。在猛禽的巢旁捡拾食茧，剖开观察，就能分析出它们的食性。但是这种方式的缺点和粪便检查一样，质地柔软的食物如蚯蚓、幼鸟等等，就可能完全被消化而检查不到。

尸体解剖，检查胃内容物

动物活着时难以追踪，死亡后则可以解剖研究其胃内残留的食物种类。以鲸、海豚为例，它们居住在海洋中，游速快且觅食范围广，想要直接观察十分困难，因此，每当有鲸豚搁浅上岸死亡时，研究人员就会解剖它们的胃，仔细研究胃中未消化的

这尾长12米、超过20吨重的鲸搁浅在岸上，工作人员将肠胃解剖开来观察。（图片提供／欧新社）

另类研究法——洗胃

鸟儿无拘无束地在天空飞行，要捡拾它们的粪便并不容易；而许多鸟类又不会产生食茧。为了克服这个难题，有些研究方法则是直接为鸟儿"洗胃"。

用生理食盐水灌入鸟儿的食道、胃，造成压力，压迫胃内容物由肛门排放出来。研究人员将收集的胃内容物送进实验室，就能够分析它们吃的食物。洗胃后的鸟儿必须补充营养、休息，然后让它们安全地返回到自然环境中。

检测粪便除观察动物食性，还可监测是否有传染病。图为韩国兽医师在检查鸭的粪便，看是否含有禽流感病毒。（图片提供／欧新社）

鱼、鱿鱼喙或其他食物的数量或比例，就能间接了解它们平日的食性。

英语关键词

摄食	feeding
食性	feeding habits
天敌（捕食者）	predator
猎物（被捕食的动物）	prey
捕食	predation
警戒	lookout
肉食性动物	carnivore
草食性动物	herbivore
食果动物	frugivore
食叶动物	folivore
杂食性动物	omnivore
腐食性动物	scavenger
视觉	vision
紫外光	ultraviolet
嗅觉	smell
鼻子	nose
触角	antenna

听觉	hearing
回音定位	echolocation
嘴	mouth
牙齿	tooth
犬齿	canine tooth
臼齿	molar
口器	mouthparts
喙	beak
爪	claw
舌头	tongue
唾液	saliva
迁徙	migration
速度	velocity
拟态	mimicry
伪装	camouflage
陷阱	trap
蜘蛛网	spiderweb

蛇毒　venom

冬眠　hibernation

脂肪　fat

颊囊　pouch / alforja

反刍　rumination

排泄物　excrement

食茧　pellet

解剖　dissect

生物防治　biological control

猎豹　cheetah

熊　bear

食蚁兽　anteater

仓鼠　hamster

变色龙　chameleon

蝎子　scorpion

箭毒蛙　arrow-poison frog

螳螂　mantis

蚜虫　aphid

瓢虫　ladybug

寄生蜂　parasitic wasp

果实蝇　fruit fly

大翅鲸　humpback whale

帝企鹅　royal penguin

海豹　seal

鲨鱼　shark

海豚　dolphin

旗鱼　sailfish

比目鱼　flatfish

鳄鱼　crocodile

海獭　sea otter

水母　jellyfish

猛禽　bird of prey

游隼　peregrine falcon

蝙蝠　bat

新视野学习单

1 以下这些动物分别可以被归纳为哪种食性？试着连连看！

蚊子·
蟑螂·　　　　·肉食性
大冠鹫·
大翅鲸·　　　　·杂食性
人·
鸡·　　　　·草食性
蝴蝶·

（答案请见06—07，10，27页）

2 不同的时间和空间，对于动物的摄食有何影响呢？对的请打✓。

（　）黑顶山雀在冬天的食量是夏天的20倍，这样才有能量来抵御寒冬。

（　）动物根据觅食的时间不同，可分为日行性和夜行性动物。

（　）南北极或深海等区域，因为过于寒冷，根本没有食物可供动物食用。

（　）赤道的日照充足，所以食物较为丰富。

（　）北极燕鸥每年的长途迁徙是为了传宗接代。

（答案请见08-09页）

3 连连看，下面这些动物主要是利用哪种感官来捕食？

鹰·
狗·　　　　·嗅觉
海豚·　　　　·听觉
蚂蚁·　　　　·视觉
狐猴·

（答案请见10—13页）

4 以下这些动物有何高明的伪装术，请试着描述一下？

猫头鹰＿＿＿＿＿＿＿＿＿＿
北极熊＿＿＿＿＿＿＿＿＿＿
叶螳螂＿＿＿＿＿＿＿＿＿＿
章鱼＿＿＿＿＿＿＿＿＿＿＿
鳄龟＿＿＿＿＿＿＿＿＿＿＿

（答案请见16页）

5 昆虫为了适应不同的进食方式，演化出不同的口器。连连看，以下的昆虫分别具有何种口器？

刺吸式·　　　　·蜜蜂
咀嚼式·　　　　·蓟马
曲管式·　　　　·蝶与蛾
舐吮式·　　　　·蚊子
咀吸式·　　　　·蝇类
锉吸式·　　　　·蝗虫

（答案请见18—19页）

6 动物的舌头有何奥妙，下列哪些叙述是对？哪些是错？请用○╳来表示。

（　）蜂鸟的舌头像中空的吸管，可以用来吸食。

（　）变色龙的舌头不长，所以只能吃近距离的食物。

（　）八目鳗的舌头像一把锉刀，能以舌头锉开鱼的表皮，然后吸食血液。

（　）猫和企鹅的舌头上长着倒钩，可以帮助吞咽食物。

（　）长颈鹿是哺乳类的长舌冠军。

（答案请见20—21页）

7 以下哪些是使用毒液捕食的优点？对的请打✓。

（　）可以避免被挣扎的猎物弄伤。

（　）加了毒液，食物会变得更好吃。

（　）把猎物迷昏后，可以慢慢进食。

（　）可避免猎物脱逃。

（　）毒液能吸引其他同伴前来分享。

（答案请见22—23页）

8 动物为什么要储存能量呢？对的请打✓。

（　）为了度过寒冷的冬天。

（　）为了度过食物欠缺的季节。

（　）准备迎接繁殖季的到来。

（　）因为夏天太热，懒得出门找食物，所以先预做准备。

（　）为了准备长途迁徙。

（答案请见24-25页）

9 除了常见的肉食或草食，有些动物有特殊的饮食习惯，下列叙述对的打○，错的打╳！

（　）无尾熊的宝宝吃母亲的粪便，是为了获得营养。

（　）鳄鱼吃石头，以帮助消化食物。

（　）狗平时爱吃青草，属于杂食性动物。

（　）粪金龟会将卵产在粪球内。

（　）河马在河中排放粪便时，鱼儿都会赶快避开。

（答案请见30-31页）

10 平常要如何研究动物吃什么？你能举出4种方法吗？

_____

_____

_____

_____

（答案请见32-33页）

我想知道……

这里有30个有意思的问题，请你沿着格子前进，找出答案，你将会有意想不到的惊喜哦！

开始！

蓝鲸属于须鲸类，是利用什么摄食？ P.06

吸食血液的蚊子是肉食动物吗？ P.06

为什么动物的比较长

草食动物的牙齿有什么特别之处？ P.18

谁是哺乳类的长舌冠军？ P.21

印第安人怎样利用箭毒蛙制造毒箭？ P.22

太棒得美牌。

为什么蜘蛛不会被自己的蜘蛛丝黏住？ P.17

鳄鱼为什么要吞石头？ P.31

为什么兔子会吃下自己的大便？ P.31

为什么科学家要为鸟"洗胃"？ P.3

军舰鸟为何被称为"强盗"？ P.15

粪金龟推的粪球有哪些作用？ P.30

为什么无尾熊宝宝要吃下母亲排出的软粪？ P.28

颁发洲金

太厉害了，非洲金牌也是你的。

哪种鸟类的飞行速度最快？ P.14

哪种鱼类的游速最快？ P.14

谁是陆上的短跑冠军？ P.14

海豚如听觉侦鱼群呢？

草食性
肠道会
P.07

北极燕鸥为何被称
为"享受日光最多
的动物"？　P.09

为什么夜行性动
物可以在夜晚看
见猎物？　P.10

不错哦，你已前
进5格。送你一
块亚洲金牌。

了，赢
洲金

最毒的蜘蛛是哪
一种？
P.23

骆驼的驼峰内
储存什么呢？
P.25

变色龙的眼睛有什
么特色？
P.11

苍蝇的复眼有什么
功能？
P.11

太好了！
你是不是觉得：
Open a Book！
Open the World！

仓鼠的颊囊有
什么功用？
P.25

为什么螳螂不吃
已死的猎物？
P.11

大洋
牌。

为什么渔船附近
会有海豚出现？
P.27

大翅鲸的泡
泡网有什么
作用呢？
P.27

狗能分辨几种
气味？
P.12

何利用
测海中

啄木鸟如何找到
树干中的昆虫？
P.12

获得欧洲金
牌一枚，请
继续加油。

昆虫靠什么器官来
闻东西？
P.12

图书在版编目（CIP）数据

动物的摄食：大字版 / 胡妙芬撰文 . —北京：中国盲文
出版社，2014.5
（新视野学习百科；29）
ISBN 978-7-5002-5035-7

Ⅰ . ①动… Ⅱ . ①胡… Ⅲ . ①动物—食性—青少年读物
Ⅳ . ①Q958.118-49

中国版本图书馆 CIP 数据核字 (2014) 第 063911 号

原出版者：暢談國際文化事業股份有限公司
著作权合同登记号 图字：01-2014-2108 号

动 物 的 摄 食

撰　　　文：胡妙芬
审　　　订：杨健仁
责任编辑：吕　　玲
出版发行：中国盲文出版社
社　　　址：北京市西城区太平街甲 6 号
邮政编码：100050
印　　　刷：北京盛通印刷股份有限公司
经　　　销：新华书店
开　　　本：889×1194　1/16
字　　　数：33 千字
印　　　张：2.5
版　　　次：2014 年 12 月第 1 版　2014 年 12 月第 1 次印刷
书　　　号：ISBN 978-7-5002-5035-7/ Q · 18
定　　　价：16.00 元
销售热线：（010）83190288　83190292

版权所有　侵权必究

绿色印刷　保护环境　爱护健康

亲爱的读者朋友：

本书已入选"北京市绿色印刷工程—优秀出版物绿色印刷示范项目"。它采用绿色印刷标准印制，在封底印有"绿色印刷产品"标志。

按照国家环境标准（HJ2503-2011）《环境标志产品技术要求 印刷 第一部分：平版印刷》，本书选用环保型纸张、油墨、胶水等原辅材料，生产过程注重节能减排，印刷产品符合人体健康要求。

选择绿色印刷图书，畅享环保健康阅读！

北京市绿色印刷工程